BEI GRIN MACHT SICH IHR WISSEN BEZAHLT

Robert Kirchner

Die Pisa-E Studie. Lehrpläne im Zusammenhang zu Leistungen in Biologie an Gymnasien

GRIN Verlag

Bibliografische Information der Deutschen Nationalbibliothek:

Die Deutsche Bibliothek verzeichnet diese Publikation in der Deutschen National-bibliografie; detaillierte bibliografische Daten sind im Internet über http://dnb.d-nb.de/ abrufbar.

Impressum:

Copyright © 2003 GRIN Verlag GmbH
Druck und Bindung: Books on Demand GmbH, Norderstedt Germany
ISBN: 978-3-656-44697-2

Dieses Buch bei GRIN:

http://www.grin.com/de/e-book/12320/die-pisa-e-studie-lehrplaene-im-zusammen-hang-zu-leistungen-in-biologie

Schriftliches Referat
von
Robert Kirchner

Die PISA- E Studie: Lehrpläne im Zusammenhang zu Leistungen in Biologie an Gymnasien

auf der Grundlage der Veranstaltung:

Pisa und Bremen. Auswirkungen von
Schulleistungsuntersuchungen auf das Bremer
Schulsystem
(VAK- 12-1661)

im Wintersemester 2002/2003

Inhalt:

Schriftliches Referat zum Thema: **Die PISA- E Studie: Lehrpläne im Zusammenhang zu Leistungen in Biologie an Gymnasien**

1.1 Die PISA- Studie International

Im Winter des Jahres 2001/2002 wurde die Bevölkerung der Bundesrepublik Deutschland ein weiteres Mal schockiert. Neben einer der höchsten Arbeitslosigkeiten und schwächstem Wirtschschaftswachstum in der EU, einem gerade noch abgewendeten „blauen Brief" aus Brüssel wegen überschreiten der Staatsverschuldung wurde den Deutschen gezeigt, dass auch die Bildung ihrer nachwachsenden Generation nur noch im Mittelfeld, im Vergleich zu vielen Ländern der OECD- Staaten liegt. In diesem Winter wurde die PISA- Studie 2000 veröffentlicht. PISA steht dabei für: „Programme for International Student Assessment". Dabei handelt es sich um ein Programm zur zyklischen Erfassung basaler Kompetenzen der nachwachsenden Generation, das von der Organisation für wirtschaftliche Zusammenarbeit und Entwicklung (OECD) durchgeführt, und von allen Mitgliedsstaaten gemeinschaftlich getragen und verantwortet wird. PISA ist Teil des Indikatorenprogramms der OECD, dessen Ziel es ist, den OECD-Mitgliedsstaaten vergleichende Daten über die Ressourcenausstattung, individuelle Nutzung sowie Funktions- und Leistungsfähigkeit ihrer Bildungssysteme zur Verfügung zu stellen (OECD, 1999). Die Bundesrepublik Deutschland beteiligt sich an diesem Programm gemäß einer Vereinbarung zwischen dem Bundesministerium für Bildung und Forschung und der ständigen Konferenz der Kultusminister der Länder.[1]
In der PISA- Studie 2000 wurden drei Kernbereiche geprüft: Lesekompetenz, sowie mathematische und naturwissenschaftliche Grundbildung. Dabei wurden stichprobenartig in 32 Ländern zwischen 5000 und 10000 Schülerinnen und Schüler zu einem standardisierten anonymen Test herangezogen. Dieser Test hat den Anspruch kein Fachwissen in den einzelnen Bereichen abzuprüfen, sondern anwendungsbezogenes Wissen. Dazu wurden den Schülerinnen und Schülern Aufgaben vorgelegt, die verschiedenen Schwierigkeitsgraden entsprechen und verschieden viele Punkte, je nach Schwierigkeitsgrad, enthalten. Aus dem Erreichen der Punkte lassen sich die Schülerinnen und Schüler dann in unterschiedliche Kategorien einordnen.
Wie bereits erwähnt hat Deutschland dabei mittelmäßig abgeschnitten. In den drei Kategorien war der Durchschnitt der erreichten Punkte 500. Deutschland erreichte in den drei Kompetenzbereichen durchschnittlich zwischen 484 und 490 Punkte (Lesekompetenz: 484; mathematische Grundbildung: 490; naturwissenschaftliche Grundbildung: 487). Damit lag Deutschland in allen Kompetenzbereichen unter dem Durchschnitt von 500 Punkten. Von Interesse für diese Arbeit soll die naturwissenschaftliche Grundbildung sein. Dazu einige Vergleichsdaten:

Platz	Land	Punkte (Standardabweichung)
1	Korea	552 (2,7)
3	Finnland	538 (2,5)
8	Österreich	519 (2,6)
18	Schweiz	496 (4,4)
20	Deutschland	487 (2,4)
21	Polen	483 (5,1)

Tabelle 1: Auswahl der an der Pisa- Studie beteiligter Länder: naturwissenschaftliche Grundbildung

1.2 Die PISA-E Studie

Parallel zu der Pisa- Studie des Jahres 2000 wurde in den deutschen Bundesländern eine Ländervergleichsstudie durchgeführt- die PISA-E- Studie. Diese Studie war in Konzeption, Methode und Auswertung der PISA- International- Studie gleich. Es sprachen dennoch mehrere Gründe dafür, das internationale Erhebungsinstrument durch einen deutschen Naturwissenschaftstest zu ergänzen:

- Die relativ kleine Zahl von Items im internationalen Test lässt noch keine hinreichend zuverlässigen Aussagen über Kompetenzen zu, die den drei Fächern (Biologie, Chemie, Physik) des Naturwissenschaftsunterrichts in Deutschland zugeordnet werden können.
- Mit der Entwicklung von entsprechend fachlich ausgerichteten Aufgaben kann ein stärkerer Bezug zu den deutschen Lehrplänen hergestellt werden.
- Durch eine systematische Variation von Testanforderungen und Aufgabenmerkmalen können kognitive Prozesse, die naturwissenschaftlicher Kompetenz zu Grunde liegen, gezielt untersucht werden. Diese Differenzierungen tragen zur Erklärung von Stärken und Schwächen bei.[2]

Die Ergebnisse dieser Erhebung waren folgende:

Bundesland	Punkte (Standardabweichung)
Sachsen	522 (2,6)
Thüringen	515 (3,0)
Bayern	510 (3,7)
Mecklenburg- Vorpommern	507 (2,7)
Baden- Württemberg	506 (3,3)
Schleswig- Holstein	498 (3,3)
Sachsen- Anhalt	496 (3,1)
Bundesdurchschnitt	**496 (1,2)**
Saarland	489 (3,0)
Rheinland- Pfalz	488 (4,1)
Niedersachsen	485 (3,2)
Brandenburg	484 (4,2)
Nordrhein- Westfalen	482 (3,3)
Hessen	481 (3,1)
Bremen	454 (3,5)

Tabelle 2: Bundesländer im Vergleich: Alle Schulformen, naturwissenschaftliche Grundbildung nationaler Test

An den Ergebnissen erkennt man, dass die Länder Bayern und Baden- Württemberg, Sachsen, Thüringen, und Mecklenburg- Vorpommern über dem deutschen Durchschnitt liegen, Schleswig- Holstein und Sachsen- Anhalt etwa den Durchschnitt erreichen, und dass die Länder Saarland, Rheinland- Pfalz, Hessen, Nordrhein- Westfalen, Niedersachsen, Brandenburg und Bremen dem deutschen Durchschnitt nicht entsprechen. Die Länder Hamburg und Berlin können aufgrund der Datenlage nicht einbezogen werden. Repräsentative Ergebnisse dieser beiden Länder gibt es nur im gymnasialen Bereich. Von besonderer Bedeutung für uns ist unser Land Bremen, dass mit 27 (5,9 %) Punkten hinter dem vorletzten Bundesland, mit 42 (9,3 %) Punkten hinter dem deutschen Durchschnitt und mit 68 (15 %) Punkten hinter Sachsen liegt.

Die Tabelle 2 wirft eine Menge Fragen auf. Die Beantwortung dieser Fragen würde den Rahmen dieser Arbeit entscheidend sprengen. Was hier in einem gewissen Rahmen beantwortet werden soll, ist die Frage, ob die Vorgaben durch die Lehrpläne einen Anteil an den o. g. Ergebnissen haben können? Des weiteren soll auf die Bedingungen der Bundesländer, hervorgerufen durch den Bildungsföderalismus eingegangen werden. In welcher Richtung können die Ursachen gesucht werden, und welchen Anteil können die Lehrpläne im Gesamtkontext haben. Da eine Fülle von Daten zur Verfügung stehen, werden weitere Einschränkungen gemacht. Zum einen können nicht alle Lehrpläne bearbeitet werden, sondern es werden aus verschiedenen Gründen nur einige wenige bearbeitet. Es wird sich ausschließlich auf Gymnasien bezogen um eine Schulform möglichst ausführlich zu betrachten, und es wird stellvertretend für die Naturwissenschaften nur das Fach Biologie bearbeitet.

Die folgende Graphik soll die Ergebnisse der PISE- E- Studie der naturwissenschaftlichen Grundbildung für die Fächer Biologie, Chemie und Physik am Gymnasium zeigen. Von besonderer Bedeutung für diese Arbeit ist der Graph des Faches Biologie am Gymnasium:

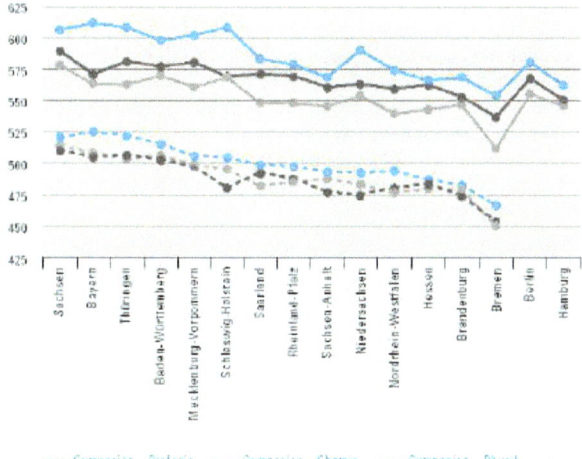

Abb. 1: Ländermittelwerte für die Fächer Biologie, Chemie und Physik für Gymnasien und alle Schulen. Ergebnisse beruhen auf den nationalen und internationalen Aufgaben

Abbildung 1 zeigt, dass erwartungsgemäß die Leistungen auf den Gymnasien besser sind als auf allen Schulen zusammen. Für das Fach Biologie ergibt sich in diesem Zusammenhang, eine neu Rangordnung der Länder für die Gymnasien. Während Tabelle 1 noch die süd- und südostdeutschen Länder auf den vorderen Plätzen sah, liegen für diese Kombination jetzt Schleswig- Holstein und Mecklenburg- Vorpommern mit auf den vorderen Plätzen. Auch Niedersachsen verändert seinen Position von Platz 10 zu Platz 7. Bremen bleibt auch in der Erhebung des Faches Biologie auf Gymnasien auf dem letzten Platz, allerdings dicht gefolgt des anderen norddeutschen Stadtstaates Hamburg, dass mit geringem Abstand auf dem vorletzten Platz zu finden ist. Die Daten zur Erstellung der Tabelle 1 beruhen auf Testaufgaben des internationalen und des nationalen Tests.

2. Auswahl der Bundesländer

Um dieser Arbeit einen gewissen Rahmen zu geben, ist es nötig, dass nur einige wenige Bundesländer, in Hinsicht auf die föderalen Bedingungen und in Hinsicht auf die Lehrpläne genau betrachtet werden. Ich will meine Überlegungen auf vier Bundesländer beziehen, die exemplarisch für besondere Ergebnisse stehen sollen.
1. Bremen: Das Bundesland Bremen mit seinen Ergebnissen und Bedingungen ist aus mehreren Gründen von Interesse. Zum einen ist Bremen das Bundesland, in dem meine Ausbildung stattfindet und deshalb ein direktes Interesse besteht. Zum anderen ist Bremen das Bundesland, welches am schlechtesten aller Bundesländer in der PISA-E- Studie abgeschnitten hat. Weitere Aspekte machen Bremen darüber hinaus interessant: Es ist ein Stadtstaat, es hat eine desolate finanzielle Lage, es hat die

meisten Schüler mit Migrationshintergrund bezogen auf die Einwohnerzahl und es hat die höchste Arbeitslosigkeit der westdeutschen Länder..

2. Bayern: Das Bundesland Bayern bildet den totalen Gegensatz zu Bremen und ist deshalb interessant. Es hat eines der besten Ergebnisse bei der PISA- E- Studie erzielt, es ist ein Flächenland mit guten finanziellen Möglichkeiten und es hat relativ wenig Schüler mit Migrationshintergrund pro Einwohner.

3. Schleswig- Holstein: Schleswig- Holstein ist meiner Meinung nach ebenfalls ein interessantes Bundesland in diesem Zusammenhang, da es in den drei Kategorien Lesekompetenz sowie mathematische und naturwissenschaftliche Grundbildung nur mittelmäßig abgeschnitten hat, aber in der naturwissenschaftlichen Kompetenz auf Gymnasien den ersten Platz, noch vor Bayern, belegt hat. Hier gibt es scheinbar einen extremen „Ausreißer" der seine Gründe haben muss.

4. Thüringen: Ich denke es ist sinnvoll sich mit einem der neuen Bundesländer auseinander zu setzen, da Schüler in diesen innerhalb von 12 Schuljahren ihr Abitur machen; dadurch sollte der Lehrplan gestrafft sein.

3. Bedingungen der Bundesländer

Im Folgenden werden kurz die Bedingungen der einzelnen Bundesländer dargestellt, um besser verstehen zu können, welche Voraussetzungen es zum Abschneiden der Bundesländer in der PISA-E- Studie gibt.

3.1 Soziale Unterschiede

Die Tabelle 3 soll die Unterschiede in den Sozialstrukturen der vier Bundesländer zeigen:

Land	Anteil der ausländischen Bevölkerung [%]	Anteil der 15 jährigen mit Migrations- hintergrund [%]	Arbeitslosenquote [%]
Bremen	11,9	40,7	14,2
Bayern	9,2	22,4	6,3
Schleswig- Holstein	5,5	14,3	9,5
Thüringen	1,7	2,9	16,5

Tabelle 3: Sozialstruktur der Bundesländer Bremen, Bayern, Schleswig- Holstein und Thüringen im Jahr 2000 [2]

Man erkennt aus Tabelle 3, dass Bremen die schlechtesten sozialen Voraussetzungen hat. Es hat den höchsten Anteil Ausländer in der Bevölkerungsstruktur, über 40% der 15- jährigen haben wenigstens ein Elternteil mit Migrationshintergrund, und es gibt eine Arbeitslosenquote von 14,2 %, die höchste der alten Bundesländer. Thüringen hat hingegen kaum Probleme mit Schülern die einen Migrationshintergrund haben, auch der ausländische Bevölkerungsanteil ist sehr gering. Die Arbeitslosenquote ist aber relativ hoch, höher noch als in Bremen, aber es ist die geringste der neuen Bundesländer. Schleswig- Holstein hat einen relativ kleinen Anteil Ausländer und 15- jähriger mit Migrationshintergrund. Die Arbeitslosenquote entspricht dem deutschen Durchschnitt. Bayern hat günstige soziale Voraussetzungen. Zwar ist der Ausländeranteil und der Anteil 15- jähriger mit Migrationshintergrund höher als in Schleswig- Holstein, dafür ist die Arbeitslosenquote die geringste dieser vier Länder und eine der geringsten aller Bundesländer im Vergleich.

3.2 Wirtschaftliche Unterschiede

Tabelle 4 soll die Unterschiede in der wirtschaftlichen Struktur der vier Bundesländer zeigen:

Land	BIP pro Einwohner [EUR]	Schulden der öffentlichen Haushalte pro Einwohner [DM]	Verfügbares Einkommen pro Einwohner [DM]; 1999
Bremen	33062	25193	33978
Bayern	28764	4863	31285
Schleswig-Holstein	22304	12486	30119
Thüringen	16082	11130	25709

Tabelle 4: Wirtschaftsstruktur der Bundesländer Bremen, Bayern, Schleswig- Holstein und Thüringen im Jahr 2000 [2]

Aus Tabelle 4 kann man entnehmen, dass Bremen zwar das höchste Bruttoinlandsprodukt, und das höchste verfügbare Einkommen pro Einwohner hat, aber auch die höchste Verschuldung pro Einwohner (und das mit Abstand). Bremen hat doppelt so hohe Schulden pro Einwohner wie Schleswig- Holstein, und mehr als fünfmal so hohe Schulden pro Einwohner wie Bayern. Das verfügbare Einkommen ist bei den drei alten Bundesländern etwa gleich, in Thüringen aber um etwa 5000 DM geringer. Das BIP ist in Thüringen auch das Geringste. Angemerkt werden soll an dieser Stelle, dass das zur Verfügung stehende Einkommen pro Einwohner nicht repräsentativ sein kann, weil hieraus nicht ersichtlich ist, welche sozialen Gruppen wie viel verdienen. Es kann dabei zu großen Unterschieden innerhalb der Bevölkerung kommen.

3.3 Bildungsfinanzielle Unterschiede

Tabelle 5 soll die Unterschiede in den Bildungsfinanzen zeigen:

Land	Ausgaben pro Schüler [DM]	Schüler/ Lehrer Relation am Gymnasium	Nominelle Unterrichtsstunden von der 1- 9 Jahrgangsstufe
Bremen	11400	18,1	8388
Bayern	9600	17,1	9240
Schleswig-Holstein	9200	16,8	8525
Thüringen	9200	16,2	9263

Tabelle 5: Bildungsfinanzielle Struktur der Bundesländer Bremen, Bayern, Schleswig- Holstein und Thüringen im Jahr 2000 [2]

Tabelle 5 zeigt, dass Bremen mit den höchsten Ausgaben pro Schüler die ungünstigste Schüler/Lehrer Relation am Gymnasium schafft, und außerdem noch die geringsten nominellen Unterrichtsstunden bis zur neunten Jahrgangsstufe erteilt. In Bayern ist die Schüler/ Lehrer Relation zwar nicht sehr viel besser als in Bremen, dafür wird aber weniger pro Schüler ausgegeben, bei rund 900 Stunden mehr Unterrichtsstunden pro Schüler als in Bremen. In Schleswig- Holstein wird weniger als in Bayern pro Schüler aufgewendet, dafür wird eine günstige Schüler/Lehrer Relation geschaffen, allerdings bei nur 150 Unterrichtsstunden mehr als in Bremen. Aus bildungsfinanziellem Gesichtspunkt ist Thüringen das Bundesland bundesweit mit den besten Voraussetzungen. Es gibt pro Schüler relativ wenig aus (genauso viel wie Schleswig- Holstein), schafft damit an Gymnasien die beste Schüler/Lehrer Relation und hat gleichzeitig die höchste nominelle Unterrichtsversorgung aller Länder.

3.4 Zusammenfassung und Interpretation der unterschiedlichen Bedingungen

Man kann einen direkten Zusammenhang zwischen den Ergebnissen der PISA- E- Studie und den sozialen, wirtschaftlichen und bildungsfinanziellen Bedingungen der Länder finden. Schüler mit Migrationshintergrund werden als ein wesentlicher Faktor für schlechtes Abschneiden der Schüler in der PISA- Studie gemacht. So heißt es in der PISA- Studie: *Die Leistungsunterschiede von Jugendlichen, die aus Migrationsfamilien stammen, und Jugendlichen deren beide Eltern in Deutschland geboren wurden sind in allen untersuchten Kompetenzbereichen erheblich.*[2] Bayern ist das Land mit den geringsten bildungspolitischen Problemen. Es haben nur etwa 1/5 der 15- jährigen Schüler einen Migrationshintergrund, Bayern hat eine der geringsten Arbeitslosigkeiten aller Bundesländer. Außerdem geht es Bayern wirtschaftlich gut, was am BIP pro Einwohner erkannt werden kann, welches für ein Flächenland extrem hoch ist. Auch die öffentliche Haushalte in Bayern sind kaum verschuldet, was sich aus der Tabelle der Bildungsfinanzen ergibt. Sie geben zwar im Gegensatz zu Bremen wenig pro Schüler aus, dafür versorgen sie ihre Schüler bis zur neunten Jahrgangsstufe mit rund 900 Unterrichtsstunden mehr als die Bremer, was einem Unterschied von etwa einem ganzen Schuljahr entspricht. Bayerns Schulen haben also beste Rahmenbedingungen, was ein gutes Abschneiden an der PISA- E- Studie voraussetzt. Ganz anders sieht es in Bremen aus. 40% der 15- jährigen Schüler haben einen Migrationshintergrund. Zusätzliche hohe Arbeitslosigkeit geben Bremen schlechte soziale Voraussetzungen für ein gutes abschneiden in der PISA- E- Studie. Aber selbst bei der Betrachtung der getesteten Schüler ohne Migrationshintergrund belegt Bremen den drittletzten Platz (Grundlage ist der internationale Test)[2]. Die wirtschaftlichen Voraussetzungen sind zwar relativ gut: hohes BIP sowie hoher Verdienst pro Einwohner. Dies wird allerdings von der höchsten Verschuldung der öffentlichen Haushalte überschattet. Dadurch resultieren finanzielle Probleme in der Bildung. Zwar gibt Bremen sehr viel mehr Geld pro Schüler aus als die Flächenländer, erreicht aber eine schlechte Schüler/Lehrer Relation an Gymnasien, und eine nominelle Unterrichtsversorgung, die 900 Stunden hinter der von Bayern oder Thüringen liegt. Die hohen Ausgaben pro Schüler sollen nach der Pisa-E Studie an der besonderen Besoldungsstruktur in den Stadtstaaten (Dichte von Verwaltungsbeamten pro Schüler ist relativ hoch), sowie an den relativ günstigen Schüler/Lehrer- Relationen in den Grundschulen und im Sekundarbereich liegen.[2] Die Rahmenbedingungen für Bremen sind also sehr viel schlechter als die in anderen Ländern. Schleswig- Holstein und Thüringen haben einen relativ geringen Anteil Ausländer und Schüler mit Migrationshintergrund. Für das Abschneiden an der PISA- E- Studie sollten das gute Voraussetzungen sein. Die Arbeitslosenquote ist in Schleswig- Holstein etwa so groß wie im Bundesdurchschnitt, in Thüringen sehr hoch, aber die geringste der neuen Länder. In Schleswig- Holstein und in Thüringen sind damit die sozialen Faktoren relativ gut. In Thüringen kommt hinzu, dass die Schüler/ Lehrer- Relation an Gymnasien extrem günstig ist, und dass die meisten Unterrichtsstunden in der Sekundarstufe I überhaupt gegeben werden.

4.1 Die Lehrpläne

Im Folgenden werden die Inhalte der Lehrpläne vorgestellt. Dabei sind jeweils die Lehrpläne gewählt worden, die im Jahre 2000, als die PISA- E- Studie durchgeführt wurde, in den vier o. g. Bundesländern gültig waren. In Thüringen ist der neue Lehrplan 1999 in Kraft getreten. Das bedeutet, dass die Schüler, die in die als 15 jährige in der neunten Klasse waren diesen Lehrplan nur teilweise unterrichtet bekamen- ab der achten Jahrgangsstufe. In Bremen ist im Jahre 2001 ein neuer Lehrplan kreiert worden. Der Lehrplan der als Grundlage meiner Untersuchung benutzt wurde stammt aus dem Jahre 1981 bis 1987. Schleswig- Holsteins Lehrplan trat 1997 und der bayrische Lehrplan 1990 in Kraft.

	Bremen [3]	Bayern [4]	Schleswig- Holstein [5]	Thüringen [6]
5	In Bremen wird die 5. und 6. Klasse in der Orientierungsstufe unterrichtet. Biologie wird nicht als eigenständiges Schulfach erteilt, sondern im Verbund mit Chemie und Physik im vierstündigem Fach Naturwissenschaften. Die biologischen Inhalte sind: **Kennzeichen des Lebendigen** (6 h) - Kennzeichen des Lebendigen - Mikroskopieren **Körperhaltung und Bewegung des Menschen** (6 h) Knochen, Gelenke, Muskeln, Sehnen, Bänder **Vielfalt und Ordnung der Lebewesen** (12 h) - Wirbeltiere (Klassifikation aufgrund gemeinsamer Merkmale; der Mensch) - Blütenpflanzen (Klassifikation aufgrund gemeinsamer Merkmale) **Lebewesen in ihrer Umwelt** (12 h) - Beziehungen zwischen Arten erkennen (Beobachten, Untersuchen, Vergleichen, Experimentieren) - Exkursion zu einem Biotop **Gesunde Ernährung in der Schule** (6 h) - Zusammenhang zwischen Ernährung, Leistungsfähigkeit und Gesundheit - Nahrungsmittel für Vollwertige Ernährung zusammenstellen (Stärke, Zucker, Eiweiß, Fett) **Sexualerziehung** (8 h) - Pubertät (Veränderung von Jungen und Mädchen) - Bau und Funktion der	**Der Körper des Menschen und seine Gesunderhaltung** (24 h) - Kennzeichen des Lebendigen (Zellen) - Stabilität, Bewegung und Schutz (Skelett, Knochen, Muskel, Haut; 1. Hilfe) - Stoffwechselvorgänge und Zusammenwirken von Organen (Ernährung und Verdauung, Nahrungsbestandteile, Weg der Nahrung durch den Körper, Zerlegung der Nahrung, Resorption; Atmung und Atmungsorgane; Blut, Kreislauf, Herz und Gefäße) - Gesundheitserziehung in Hinsicht auf Ernährung - Erfassung der Welt mit den Sinnen (Sinnesleistungen, Reaktionen auf Reize) - Sexualerziehung (Geschlechtsorgane, Pubertät, Befruchtung Schwangerschaft und Geburt) **Körperbau und Lebensweise von Säugern** (18 h) - Säugetiere als Haustiere (unterschiedliche Ernährungs- und Verhaltensweisen) - Züchtung, Nutzung und Artgerechte Haltung - Wildlebende Säugetiere (Anpassung an den Lebensraum, Bedeutung des Lebensraums, bedrohte Arten) **Bau und Leistungen der Samenpflanzen** (14 h) - Aufgaben und Zusammenwirken der einzelnen Pflanzenteile (Wurzel, Sproß, Photosynthese, Mineralstoffe, Fortpflanzung) - Kennübungen		**Einführung in die Biologi** (2 h) **Wirbeltiere in ihren Lebensräumen** (40 h) - Fische (Nahrungsmittel) - Lurche - Kriechtiere (Kriechtiere vergangener Erdzeitalter) - Vögel (Vogelzug, Artgerechte Haltung) - Säugetiere Zu den fünf Säugetierklassen: Anpassung, Ernährung, Lebensweise, Atmung, Körpertemperatur, Entwicklung, Fortpflanzur - Vergleichende Betrachtung der Wirbeltierklassen (Gemeinsame Merkmale, Ordnen, Beispiele) **Samenpflanzen in ihrer Vielfalt** (38 h) - Gastalt und Entwicklung von Samenpflanzen (Typische Merkmale, Aufbau, Wurzel, Sproß, Blatt, Blüte, Fortpflanzung, Frucht Entwicklung, Keimun Ernährung) - Ausgewählte Pflanzenfamilien (Beispiele, Analogien. Kieferngewächse - Nutzpflanzen kennen lernen **Wirbellose Tiere in ihren Lebensräumen** (25 h) - Ringelwürmer - Krebstiere - Spinnentiere - Insekten - Weichtiere - Hohltiere Für die sechs Klassen: Angepasstheit, äußerer unc z. T. innerer Bau, Fortbe- wegung, Ernährung, Ent-

| 6 | Geschlechtsorgane
- Menstruation/Samenerg
uss | **Wirbeltiere in verschiedenen Lebensräumen** (28 h)
- Vögel (Flugvermögen, Nahrungserwerb, Fortpflanzung und Entwicklung, Vielfalt, Einbindung in den Naturhaushalt, Kennübungen)
- Reptilien (Besonderheit in Körperbau und Lebensweise, Artenvielfalt Neu- und Vorzeitlicher Kriechtiere
- Lurche (Anpassung, Gefährdung, Kennübungen)
- Fische (Anpassung, Fortpflanzung und Fortpflanzungsverhalten, wirtschaftliche Bedeut-ung, Gewässerbelastung)
- Verwandschaftsbeziehung en der Wirbeltierklassen
Vielfalt und Besonderheiten bei Samenpflanzen (18 h)
- Verwandtschaft bei Samenpflanzen (Kennzeichen von Pflanzenfamilien, Bestimmungsübungen)
- Fortpflanzung und Verbreitung (wechselseitige Anpassung von Blütenpflanzen und Insekten, Windbestäubung, Verbreitung von Samen und Früchten, vegetative Vermehrung)
- Anpassung an besondere Lebensbedingungen (Pflanzen an unterschiedlichen Standorten, Überwinterung)
Lebensgemeinschaften und Einfluss des Menschen (10h)
- Einfache Zusammenhänge in einem Ökosystem(Exkursion mit Bestimmungsübungen)
- Eingriffe des Menschen und ihre Folgen
- Notwendigkeit zum Schutz bestimmter Arten | **Blütenpflanzen -
Wildpflanzen in ihrem Lebensraum, Kulturformen** (10 h)
– Heimische Blütenpflanzen
– Pflanzen sind an Umweltbedingungen angepasst
– Nutzpflanzen sind an die Nahrungsbedürfnisse der Menschen angepasst worden.
**Der Körper des Menschen und seine Gesunderhaltung -
Atmung und Blutkreislauf** (8 h)
– Beim Atmen verändert sich die Luft
– Bau und Funktion der Atmungsorgane
– Bau und Funktion von Herz und Blutkreislauf
– Schadstoffe in der Luft gefährden unsere Gesundheit
– Der einzelne ist für seine Gesundheit und für die der anderen verantwortlich
Sexualität des Menschen I (8 h)
- Miteinander über Sexualität sprechen können
- Menschliche Sexualität ist eingebunden in zwischenmenschliche Beziehungen
- Bau und Funktion der Geschlechtsorgane
- Schwangerschaft und Geburt
- Veränderungen während der Pubertät
**Wirbeltiere -
Vielfalt und Bedeutung in unserer Umwelt** (10 h)
– Wirbeltierklassen
– Fische, Amphibien, Reptilien, Vögel: Zusammenhang zwischen Körperbau, Lebensweise und Lebensraum
– Vergleichende Betrachtung von Wirbeltieren aus verschiedenen Wirbeltierklassen | wicklung, Fortpflanzung
- Parasitische Lebensweise bei Wirbellosen (Angepasstheit, Bau, Ernährung, Fortpflanzung, Bedeutung im Naturhaushalt und fü den Menschen, Hygiene)
Vergesellschaftung von Tieren und Pflanzen (7 h
- Vertreter von Wirbeltieren, Wirbellosen und Pflanzen in einem Lebensraum z. B. Wa See (Angepasstheit, Naturbeziehungen zwischen Lebewesen
- Arten und Biotopsch (Notwendigkeit, Bedeutung, Eingriffe durch den Menschen) |

7	**Überwinterung von Tier und Pflanze** (12 h)	**Mannigfaltigkeit und Besonderheit der Gliederfüßer** (20 h)	Kein Unterricht	**Blütenlose Pflanzen in ihren Lebensräumen** (7 h
	- Winterstarre	- Grundbauplan		- Moospflanzen
	- Winterruhe	- Entwicklung		- Farnpflanzen Bau,
	- Winterschlaf	- Leistungen		Funktion, Bedeutung
	- Winteraktivität	- Rolle der Insekten im		und Formenvielfalt
	- Vogelzug	Ökosystem; Bedeutung		- Vergleich mit
	- Pflanze als Same	für den Menschen		Blütenpflanzen
	- P. als Geophyt	(Räuber/ beute-		**Zellen** (17 h)
	- P. als Holzkörper	Beziehung;		- Mikroskop
	- Dornen und Stachel	Massenauftreten;		- Formenvielfalt der
	Müllbeseitigung (12 h)	Insektenbekämfung		Zellen
		- Beispiele anderer		- Zellorganellen der
	Anpassung von Tieren an ihren Lebensraum (12 h)	Gliederfüßler		grünen Pflanzen
		Signale und Programme zum Leben und Zusammenleben (14 h)		- Funktion der Organellen
	- Wasserbewohnende Wirbeltiere			- Vergleich mit tierisch Zellen
	- Landübergang bei Amphibien	- Lebenssicherung durch Schutzanpassung		- Zusammenhang zwischen Bau und
	- Landleben der Reptilien (Körperform, Gliedmaßen, Fortbewegung, Atmung, Blutkreislauf, Körperbe- deckung, Temperatur, Fortpflanzung, Entwicklungsstadien)	- Bedeutung, Kennzeichen und Beispiele von Instinktverhalten (Schlüsselreiz)		Ernährung (heterotrot autotrophe Ernährung
		- Insektenstaaten		- Zellteilung und Wachstum der Zellen
		Grüne Pflanzen als Ersterzeuger org. Naturstoffe (10 h)		**Vom Einzeller zum Vielzeller** (7 h)
	Blüten und Bienen- gegenseitige Abhängigkeit (12 h)	- Pflanzenzelle		- Bau und Lebenser- scheinungen tierischer und pflanzlicher
		- Zellorganellen		Einzeller (Vielfalt; Ba
	- Bestäubung und Befruchtung (Bedecktsamer vs Nacktsamer; Bestäubung und Befruchtung als Fortpflanzung)	- Zusammenwirken der Teile eines Pflanzenkörpers (Wurzel, Spross, Blatt)		und Ernährung/ Fortbewegung)
		- Voraussetzung und Bedeutung der Photosynthese		- Vom Einzeller zum Vielzeller
	- Bau der Blüte und Art der Bestäubung (Wind- und Insektenbestäubung; Bau von Insekt und Blüte aufeinander Abgestimmt; Signale zur Bestäubung; Kennzeichen einiger Pflanzenfamilien)	**Sicherung der menschlichen Ernährung** (12 h)		- Algen und tierische Einzeller als Teil des Ökosystems
		- einheimische Getreidepflanzen		**Bakterien, Pilze, Flechte** (17 h)
		- Erhaltung der Bodenfruchtbarkeit		- Bakterien (Formen- vielfalt, Stoffwechsel, Vermehrung; B. als T des Ökosystems;
		- Möglichkeiten und Probleme der Nahrungsproduktion (Massentierhaltung, Biotechnik)		Krankheitserreger)
	- Der Bienenstaat (Gesetze, Spezialisierun- gen, Kommunikation, Sozialleistungen; Bienenstaat vs. Hummel-/ Wespenstaat)			- Pilze (Formenvielfalt der Hut, Schimmel un Hefepilze; Stoffwechsel/ Fortpflanzung
				- Flechten (Formenvielfalt; Symbiose)
				Freiraum zur Entwicklu der Lernkompetenz (8 h) Dieser Teil bietet Freiraun für Schülerinteressen mit Bezug zum Lehrplan
8	Kein Unterricht	**Biologie wird in Klasse 8 nur mit einer Stunde unterrichtet**	**Die Zelle** (12h) - Zellorganellen tierischer und	**Stoffwechsel des Menschen** (20 h) Ernährung und Verdauung

Ernährungsspezialisten und ihre besondere Anpassung (Pilze) (10 h)
Hut-, Schimmel und Hefepilze:
- Vorkommen
- Bau
- Lebensweise
- Bedeutung
- Stoffwechsel
Symbiotische und Parasitische Lebensformen und die Bedeutung für den Menschen
Natürliche und naturnahe Lebensgemeinschaften (18 h)
Der Wald:
- Zusammensetzung von Wäldern
- Einheimische Laub und Nadelbäume im Vergleich
- Organisationshöhe und Lebensweise von Moosen und Flechten
- Nahrungsbeziehungen und Stoffkreislauf
- Bedeutung und Gefährdung des Waldes
Im Lehrplan ist ausdrücklich darauf hingewiesen Erkundungen im Wald durchzuführen
	pflanzlicher Zellen
	- Bau und Lebensweise eines Einzellers
	- Zellen, Gewebe, Organe Organismen
	- Zelle, Zellkern, Chromosomen, Zellteilung
	Wirbellose Tiere- Vielfalt und Bedeutung (20 h)
	- Körperbau und Lebensweise eines Ringelwurms
	- Körperbau und Lebensweise von Insekten
	- Entwicklung von Insekten
	- Staatenbildende Insekten
	- Körperbau und Lebensweise anderer Gliederfüßler
	- Ökologische und wirtschaftliche Bedeutung von Insekten und anderer Gliederfüßler
	- Körperbau und Lebensweise eines Weichtieres
	Sexualität beim Menschen II (10 h)
	- Physische und psychische Entwicklung in der Pupertät
	- Sexuelle und soziale Reife
	- Schwangerschaft und Geburt
	- Empfängnisverhütung und AIDS
	- Freundschaft, Liebe, Partnerschaft, Sex
	Parasiten des Menschen (8 h)
	- Anpassung und Lebensweise eines ektoparasiten
	- Ektoparasiten als Überträger von Krankheitserregern
	- Entwicklung eines Endoparasiten
		- Nahrungsbestandteil
		- Bau und Funktion d
		  Verdauungssystems
		- Enzyme
		- Ernährung und Gesundheit
		Blut und Blutkreislauf
		- Bau und Funktion d
		  Kreislaufsystems
		- Zusammensetzung u
		  Funktion des Bluts
		- Immunsystem
		Atmung
		- Bau und Funktion d
		  Atmungssystems
		- Gasaustausch
		- Sauerstoff und seine Bedeutung
		- Rauchen
		Haut
		Ausscheidungssysteme
		Körperhaltung und Bewegung des Mensch (6 h)
		- Skelett
		- Muskulatur
		- Sport als Gesundheitsfaktor
		- 1. Hilfe
		Sinnes und Nerven- funktion des Menschen h)
		- Reize
		- Sinnesorgane (Auge Ohr)
		- ZNS (Gehirn, Rückenmark, Reflex Lernen & Gedächtnis
		- Gesunderhaltung de Nervensystems (Drogen)
		Biologische Regelung b Menschen (3 h)
		- Hormone
		- Regelkreis (Körpertemperatur)
		Zusammenwirken von Organsystemen beim Menschen (2 h)
		
		Fortpflanzug und Sexualität beim Mensc (10 h)
		Geschlechtsorgane
		- Bau und Funktion
		- Hygiene
		Fortpflanzung und Entwicklung
		- Geschlechtsverkehr
		- Entwicklung
		Sex und Verantwortung
		- Steuerung des

				Sexualverhaltens - Empfängnisverhütung - Homosexualität **Sozialverhalten des Menschen** (6 h) - Leben in Gemeinschaf - Aggressions- und Territorialverhalten
9	**Grüne Sprosspflanzen-Erzeuger energiereicher Energie** (10 h) - Photosynthese (energetisch, äußere Form der Pflanze) - Wurzel, Sprossachse, Blatt - Standort und anatomischer Bau - Pflanzenbestimmung **Heterotrophe Organismen- Verbraucher energiereicher Stoffe**(10h) - Stoffwechsel bei Einzellern, Pflanzenfressern, Fleischfressern - Nahrungsketten - Parasiten und Symbionten **Stoff- und Energiestoffwechsel des Menschen** Atmung (8 h) - Atmungsorgane - Atemluft - Messung der Atmungsfrequenz - Funktion des Atmens Blut und Blutkreislauf (15h) - Bedeutung des Blutes - Zusammensetzung - Gasaustausch - Immunität - Blutgefäße - Blutgruppen - Bluttransfusion - Fixen - 1. Hilfe - Das Herz Verdauung und Exkretion (10 h) - Nährstoffe - Oberflächenvergrößerung - Enzyme - Energiegewinnung durch Oxidation von Traubenzucker - Exkretion von CO_2, Wasser und Harnstoff	**Die Zelle als Grundbaustein des Lebens** (8 h) - Mikroskop - Feinbau und Leistungen der Zelle - Zellteilung und ihre Bedeutung (Mitose) **Organisationsstufen und Leistungen von Lebewesen** (22 h) - Bakterien und Viren (Bau und Vermehrung) und ihrer Bedeutung für den Menschen (Aids) - Vom Einzeller zum Vielzeller - Hauptgruppen des Tier und Pflanzenreichs (Klassifizierung) bei Tieren nur Weichtiere und Ringelwürmer **Stammesgeschichtliche Entwicklung** (6 h) - Hinweise auf die Evolution - Stammesgeschichte des Menschen **Fortpflanzung und Vererbung** (20 h) - biologische Grundlagen der Sexualität des Menschen und der Entwicklung menschlichen Lebens (Geschlechtsorgane, -hormone, -zellen; Schwangerschaft und Geburt) - Grundlagen der Vererbung (Chromosomen, Reduktion des Chromosomensatzes, Mendel) - Erbkrankheiten	**Aspekte der Humangenetik** (10 h) - Ähnlichkeit zwischen Eltern und Kind - Chromosomen - Meiose - Dominant- rezessive Erbgänge - Modifikation und Mutation **Richtige Ernährung - eine Voraussetzung für die Gesundheit** (12 h) – Nahrung: Menge und Zusammensetzung – Verdauungsorgane und ihre Anhangsdrüsen – Ernährung in verschiedenen Regionen der Erde **Biologische Nutzung der Sonnenenergie** (12 h) – Atmung – Speicherung von Sonnenenergie durch Photosynthese – Energienutzung durch den Menschen **Lebensräume und Lebensgemeinschaften - Wechselbeziehungen, Gefährdung und Schutz** (12h) – Typische Pflanzen und Tiere eines Lebensraumes – Wechselbeziehung eines Lebewesens mit seiner Umwelt – Beziehungsgefüge von Organismen in einem Lebensraum – Beeinflussung von Lebensgemeinschaften und Lebensräumen durch den Menschen	In Thüringen wird in Klass 9 zwischen dem naturwissenschaftlichen und sprachlichem Zweig unterschieden. Hier wird d naturwissenschaftliche Zweig beschrieben in dem Biologie zweistündig unterrichtet wird. **Lebensprozesse der Produzenten und Destruenten** (20 h) - Formenvielfalt der Moose, Farne, Samenpflanzen und Algen - Ernährung der grünen Pflanzen (Mineralstoffernährun Osmose, Diffusion, Transpiration) - Photosynthese - Atmung der grünen Pflanzen - Fortpflanzung, Wachstum, Entwicklung der Samenpflanzen - Reizbarkeit der Samenpflanzen - Lebensprozesse der Destruenten (Gärung) - Systematisierung der Stoffwechselprozesse (Assimilation, Dissimilation, Gärung **Organismen in ihrer Umwelt** (20 h) - Vielfalt von Ökosystemen - Ökosystem Wald (Biozönose, abiotisch biotische Faktoren, Toleranzbereich, Stabilität - Wirtschaftlich genutztes Ökosystem - Umweltprobleme Umweltschutz - Biologische Exkursio

Tabelle 6: Inhalte der Lehrpläne der Bundesländer Bremen, Bayern, Schleswig- Holstein und Thüringen der Klasse 5 bis 9 des Faches Biologie am Gymnasium

Tabelle 7 bietet eine kaum zu realisierende Datenmenge. In der folgenden Tabelle werden die Inhalte nochmals kurz zusammengefasst und mit der jeweiligen Jahrgangsstufe in Verbindung gebracht.

4.2 Zusammenfassung der Lehrpläne

In der Folgenden Tabelle werden die Inhalte nochmals kurz zusammengefasst und mit der jeweiligen Jahrgangsstufe in Verbindung gebracht.

Inhalt	Bremen	Bayern	S.- H.	Thüringen
Morphologie und Anatomie der Pflanzen	7, 9	5, 6	5	5/6
Einzelbeschreibungen				
1. Blütenpflanzen	7	5, 6	6	5/6
2. Blütenlose Pflanzen	-	-	-	7
Physiologie der Pflanzen	9	7	9	9
Wirbeltiere				
1. Säugetiere	7	5, 6	5, 6	5/6
2. Vögel	7	6	6	5/6
3. Reptilien	7	6	6	5/6
4. Amphibien	7	6	6	5/6
5. Fische	7	6	6	5/6
Wirbellose Tiere				
1. Gliederfüßler	-	7	7	5/6
2. Weichtiere und Stachelhäuter	-	9	7	5/6
3. Wurmartige	-	9	-	5/6
4. Parasiten	9	8	8	(7)
5. Mikroorganismen	(9)	9	-	7
Ökologie	5/6, 7	6, 7, 8	6, 8, 9	5/6, 7, 9
Zellbiologie	(9)	7, 9	8	7
Ethologie	.10	7	-	8
Systematik	5/6	6	5, 6	5/6, 7
Grundlagen der Genetik	. 10	9, .10	9	.10
Evolution	-	9	.10	.10
Humanbiologie				
1. Stütz- und Bewegungssystem	5/6	5	5	8
2. Hormon- und Nervensystem	. 10	(9). 10	.10	8
3. Sinnesorgane	.10	(5).10	.10	8
4. Atmungs- und Kreislaufsystem	9	5	6	8
5. Verdauung und Exkretion	9	5	5, 9	8
6. Sexualität und Fortpflanzung	5/6	(5), 9	6, 8	8
7. Krankheiten und Hygiene	-	5, 9	5,6,9.10	8
Angewandte Biologie				
1. Wirtschaftsbiologie	-	6, 7, 8	5, 6	-
2. Umweltschutz	-	5, 6, 7, 8	-	9

Tabelle 7: Zusammenfassung der Lehrpläne von Bremen, Bayern, Schleswig- Holstein und Thüringen des Faches Biologie am Gymnasium. Inhalte in Abhängigkeit von Jahrgangsstufen

Die Zusammenfassung der Tabelle 7- die Tabelle 8- zeigt die unterschiedlichen zentralen Themen des Biologieunterrichts bezogen auf die jahrgangsspezifische Verankerung in den Lehrplänen. In Thüringen ist der Lehrplan von Klasse 5 bis 10 am klarsten strukturiert. In Klasse 5 und 6 werden die drei Hauptklassen von Lebewesen- Wirbeltiere, Wirbellose und Pflanzen in ihrer Morphologie, Systematik und Lebensweise dargeboten. In Klasse 7 wird die Gruppe der Pflanzen um die blütenlosen Pflanzen erweitert (Damit ist Thüringen das einzige Bundesland, dass diese Klasse behandelt. Zentrales Thema der Klasse 7 ist die Zelle erweitert durch Einzeller und Mikroorganismen. In Klasse 8 ist die Humanbiologie verbindlich, inklusive Ernährung und Nervenphysiologie. In Klasse 9 wird Pflanzenphysiologie und Ökologie, in Klasse 10 Genetik und Evolution unterrichtet.

In Schleswig- Holstein wird für die Klassen 5 und 6 Morphologie, Systematik und Lebensweise der Wirbeltiere und Pflanzen, sowie Teile der Humanbiologie gefordert. Die Morphologie, Systematik und Lebensweise wird in Klasse 8 durch die Wirbellosen ergänzt. Außerdem wird die Zellbiologie abgehandelt. Humanbiologisch wird in Klasse 8 die Sexualerziehung durchgeführt, allerdings z. T. losgelöst von der Fachbiologie. Als weitere Gruppe von Lebewesen werden die Parasiten im Zusammenhang mit dem Mensch unterrichtet. Klasse 9 beinhaltet die Themen Genetik, Ernährung, Pflanzenphysiologie und Ökologie.

Bayern geht ähnlich vor. In Klasse 5 und 6 werden die Morphologie, Systematik und Lebensweise der Wirbeltier, Pflanzen und des Menschen unterrichtet, ergänzt durch die Wirbellosen in Klasse 7. Weitere Inhalte in Klasse 7 sind die Anatomie der Pflanze und der Pflanzenzelle, sowie ein wirtschaftsbiologischer Aspekt: Die Sicherung der menschlichen Ernährung, als fächerübergreifendes Thema. Im achten Jahrgang ist in Bayern die Pilze in Morphologie, Systematik und Lebensweise vorgeschrieben. Weiteres Thema ist das Ökosystem Wald, das eine Exkursion einschließt. In der Jahrgangsstufe 9 werden die Themen Zelle, Einzeller und Mikroorganismen, Evolution sowie Sexualerziehung unter Einschluss der Grundlagen er Genetik gefordert.

Der bremer Lehrplan weicht von den anderen Dreien, die ähnliche Inhalte zu unterschiedlichen Zeiten verlangen besonders in den Jahrgangsstufen 5/6 und 7 erheblich ab. Der Lehrplan hat einen curriculären Charakter. Es sind keine Themenbereiche ausgewiesen, wie beispielsweise Morphologie der Pflanze. Die Unterthemen sind in einen Gesamtkontext gegeben, bei dem eine übergeordnete Frage durch erlernen der Fachinhalte beantwortet wird. Morphologie und Systematik der Pflanzen wird beispielsweise unter dem Aspekt Blüten und Bienen- gegenseitige Abhängigkeit erläutert. Die Lebensweise der Pflanzen wird unter dem Aspekt Überwinterung der Pflanzen abgehandelt. Deshalb ist es an dieser Stelle zu aufwendig die einzelnen Themenbereiche in Text zu fassen. Ich verweise auf Tabelle 7. Erst ab Klasse 9 verlässt er z. T. den curriculären Charakter. In Klasse 9 wird Pflanzenphysiologie, Ökologie und Humanbiologie unter Einschluss der Ernährung unterrichtet.

4.3 Auswertung der Lehrpläne

Die Schüler in den Bundesländer Bayern, Schleswig- Holstein und Thüringen haben im Vergleich der Bundesländer sehr gut, Bremen hingegen hat von allen Bundesländern am schlechtesten abgeschnitten. In dieser Arbeit soll die Frage beantwortet werden, ob die Lehrpläne damit in Zusammenhang gebracht werden können. Zunächst werden die fachlichen Inhalte der Lehrpläne miteinander verglichen. In 4.4 werden dann die Methoden, die in den Lehrplänen gefordert sind verglichen. Grundlage für den Inhaltsvergleich ist die Tabelle 7 und 8.

Der bremer Lehrplan enthält weniger Inhalte als die Lehrpläne der anderen Bundesländer. Blütenlose Pflanzen, die wirbellosen Tiere, Evolution, Krankheiten und Hygiene, Wirtschaftsbiologie und Umweltschutz sind als Themen in dem Lehrplan nicht zu finden. Ethologie, Genetik, Nervenphysiologie und Sinnesorgane werden erst in Klasse 10 unterrichtet, sind also für den Ausgang der PISA- Studie nicht von Relevanz. Die Zellbiologie im bremer Lehrplan ist als eigenständiger Bereich nicht zu finden, er geht in Klasse 9 mit in das Thema Pflanzenphysiologie ein. Allerdings wird nur die Anatomie der Zelle gefordert nicht ihr innerer Aufbau. Dies ist ein entscheidender Punkt, da die anderen Bundesländer diesen Inhalt speziell ausweisen und er meiner Meinung nach extrem wichtig ist. Der Lehrplananalyse ist auch zu entnehmen, dass viele Themen, die in Tabelle 8 als Zentralthemen ausgewiesen sind später unterrichtet werden als in den anderen Bundesländern. Kein Themenbereich wird an bremer Schulen eher als an bayrischen Schulen, vereinzelte eher als an thüringischen Schulen oder schleswig- holsteinischen Schulen angesprochen. Fachlich befinden sich bremer Schüler immer hinter denen der anderen drei Bundesländer. Am Ende der Klasse 10 sind in Bremen viele der Themen, die in den anderen Bundesländern angesprochen wurden auch abgehandelt worden, allerdings nicht in den Klassen 5 und 6, sondern hauptsächlich in Klasse 9 und 10. Daraus schließe ich, dass in den späten Klassenstufen für die Themen nicht soviel Zeit zur Verfügung steht wie in anderen Bundesländern, die in den frühen Klassen bereits diese Themen behandelt haben. Die Folge ist, dass bremer Schüler nicht so viele Informationen zu den Themen Verdauung und Ernährung, Mikroorganismen, Pflanzenphysiologie etc. bekommen wie bayrische oder thüringische Schüler. Des weiteren ist auffällig, dass die Themen aus der angewandten Biologie in bremer Lehrplänen nicht berücksichtigt werden. Dieser Themenbereich, in dem erlerntes Wissen an Lebenssituationen konkret angewendet werden kann, rundet das Erlernte erst ab. In diesem Themenbereich könnten die Schüler für den Schwierigkeitsgrad 3, dem problemlösenden Denken geschult werden.

Man kann daraus ableiten, dass der Verdacht begründet ist, dass unter anderem Inhalte von Lehrplänen dafür verantwortlich sind, dass das Bundesland Bremen den letzten Platz im bundesdeutschen Vergleich am Gymnasium im Fach Biologie gemacht hat.

Zu den anderen Ländern:

Bayern hat in seinem Lehrplan die meisten Inhalte, und diese werden relativ früh unterrichtet. Die Themen sind zum einen sehr fachwissenschaftlich ausgelegt, nehmen aber immer wieder Bezug zu den anwendungsbezogenen Themen wie Wirtschaftsbiologie und Umweltschutz, sowie zur Ökologie. In jedem Schuljahr wird zu diesen Themen Bezug genommen, was zur Schulung des problemlösenden Denken führen kann. Auch sind alle Themen bereits bis zur Klasse 9, dem Zeitpunkt der PISA- Erhebung angesprochen worden. Durch die gleichmäßige Verteilung der Inhalte auf alle Jahrgangsstufen, werden für die einzelnen Themen relativ viel Zeit verwendet, was zu sorgfältigem vermitteln von mehr Wissen führt.

Schleswig- Holstein ist in der Spitzengruppe der Bundesländer. Dies über die Inhalte des Lehrplans zu erklären ist relativ schwierig, da einige Inhalte, die in Bayern und Thüringen unterrichtet werden hier nicht dargeboten werden. Es handelt sich dabei um Mikroorganismen, Wurmartige , blütenlose Pflanzen und um den Umweltschutz. Einen Schwerpunkt setzt Schleswig Holstein auf die Humanbiologie die immer wieder angesprochen wird, und erfahrungsgemäß der motivierendste Teil der biologischen Themen für Schüler ist. Ein weiterer Punkt für das gute Abschneiden in Bezug auf Lehrplaninhalte ist, dass der Lehrplan mit viel Stoff gefüllt ist. Die einzelnen Themen werden sehr ausführlich behandelt.

Das gute Abschneiden Thüringens ist darin begründet, dass das Gymnasium nur zwölf Jahre umfasst. Dadurch müssen die Inhalte komprimierter dargeboten werden. Bis zur Jahrgangsstufe 9 sind alle Themen außer Genetik und Evolution abgehandelt worden. Der Lehrplan beinhaltet relativ viel Stoff, der aber ausführlich unterrichtet werden soll. Auffällig ist, dass trotz des guten Abschneidens die angewandte Biologie kaum Berücksichtigung findet.

In den neuen Ländern können Schüler nur in Sachsen und Thüringen das Abitur nach zwölf Schuljahren machen. Die Länder Brandenburg, Sachsen- Anhalt und Mecklenburg-Vorpommern haben das westdeutsche System übernommen, in dem Schüler 13 Jahre bis zum Abitur benötigen. Es könnte einen Zusammenhang geben, zwischen Zeit zum Abitur und abschneiden in der PISA- Studie, wenn man bedenkt, dass Sachsen und Thüringen vordere Plätze, und Brandenburg und Sachsen- Anhalt hinter Plätze belegen. Dieser Zusammenhang wird zur Diskussion gestellt.

4.4 Vergleich der Methoden

Im folgenden Abschnitt sollen die Inhalte der Lehrpläne auf ihre Hinweise zu Methoden, Fähigkeiten und Fertigkeiten untersucht werden, die in ihnen gefordert werden:

Fähigkeit/Fertigkeit	Bremen	Bayern	Schleswig- Holstein	Thüringen
Beobachten	+	+	+	+
Messen	+	+	+	+
Vergleichen	+	+	+	+
Sammeln			+	
Bestimmen	+	+	+	+
Klassifizieren	+	+	+	+
Pflegen		+	+	
Umgang mit Geräten	+	+	+	+
Experimentieren	+	+	+	+
Mikroskopieren	+	+	+	+
Protokollieren	+	+	+	+
Deutung von Diagrammen	+	+	+	+
Mit Modellen umgehen/ Grenzen erkennen	+		+	
Unmittelbare Naturbegehung	+	+	+	+ (9)
Gruppenarbeit			+	
Projekte			+	
Vortragen	+	+	+	+

Tabelle 8: Methoden, Fähigkeiten und Fertigkeiten die in den Lehrplänen Bremens, Bayerns, Schleswig- Holsteins und Thüringens ausdrücklich beschrieben sind
[aus 3,4,5,6,7]

Tabelle 10 bietet eine Übersicht zu den Methoden, den Fähigkeiten und Fertigkeiten, die in den Biologie- Lehrplänen für das Gymnasium speziell als zu erlernend ausgewiesen sind. In dieser Übersicht kann man wenige Unterschiede zwischen den einzelnen Bundesländern erkennen. Wesentliche Unterschiede gibt es in der Fähigkeit „Mit Modellen umgehen/ Grenzen erkennen", die in Bayern und Thüringen nicht speziell ausgewiesen ist. Auch „Gruppenarbeit" und „Projekte" sind nur in Schleswig- Holstein gefordert. Unterschiede gibt es auch in den Fähigkeiten „Pflegen" und „Sammeln". Ich schließe aus dieser Übersicht, dass die angewendeten Methoden und Fähigkeiten/ Fertigkeiten in den Lehrplänen relativ homogen sind, und dass es kaum möglich ist aus diesen einen Zusammenhang zu dem Abschneiden in der Pisa- Studie zu sehen. Thüringen und Bayern, die weniger Methoden und Fähigkeiten/ Fertigkeiten fordern als Bremen, sprechen gegen den Zusammenhang der Leistungsfähigkeit und den Methoden/ Fähigkeiten/ Fertigkeiten.
Ansatzweise könnte man das gute Abschneiden Schleswig- Holsteins mit den Methoden und Fähigkeiten/ Fertigkeiten in Zusammenhang bringen, weil es alle Bereiche die in der Tabelle genannt sind in seinen Lehrplänen umfasst und als einziges Bundesland dieser vier Gruppenarbeit und Projektunterricht speziell ausweist.

5. Umfang der Biologiestunden in den Bundesländern von Klasse 5 bis 10

Die folgende Tabelle gibt an, wie viel Stunden Biologie in den Schuljahren 5 bis 10 am Gymnasium (bzw. Orientierungsstufe) unterrichtet werden. Die Zahl bezieht sich auf die Jahresstundenzahlen:

Bundesland	Klasse am Gymnasium (* = Klassen der Orientierungsstufe)						
	5	6	7	8	9	10	Gesamt
Bremen	53*	53*	80	-	80	80	346
Bayern	80	80	80	40	80	80	440
S.- H.	80	80	-	80	80	80	400
Thüringen	80	80	80	80	80	80	480

Tabelle 9: Jahresstundenzahl des Faches Biologie der Klassen 5- 10 [z.T. aus 7]

Aus Tabelle 7 erkennt man, dass in der Sekundarstufe I der zu untersuchenden Bundesländer erhebliche Unterschiede in der Unterrichtung des Faches Biologie gibt. In Bremen ist die „krumme Jahresstundenzahlzahl" der Klasse 5 und 6 in der Orientierungsstufe damit zu erklären, dass Biologie im Verbund des Faches Naturwissenschaften mit Chemie und Physik unterrichtet wird. Der Umfang des Faches beträgt vier Unterrichtsstunden.

In Bremen werden 134 Stunden weniger Biologie unterrichtet als in Thüringen. Das entspricht bei einer durchschnittlichen Jahresstundenzahl von 80 ein Rückstand in der Klasse 10 von fast 1,7 Schuljahren. Schleswig- Holstein hat ein Rückstand auf Thüringen von einem Schuljahr. Wenn man Tabelle 5 berücksichtigt liegen die Werte im Trend. In Bremen werden mehr als 900 weniger Unterricht im Laufe der Schulzeit eines Schülers unterrichtet als in Bayern oder Thüringen. Dieses Phänomen, was etwa einem Schuljahr entspricht, findet sich auch im Fach Biologie wieder.

Der direkte Schluss aus diesen Daten muss ein geringerer Umfang der Lehrpläne zwischen Bremen und den anderen Ländern sein. Sicher liegt hierin einer der Gründe für das unterschiedliche Abschneiden der vier Bundesländer bei der PISA- E- Studie.

6. Die Pisa- Aufgaben

In der internationalen PISA- Studie wurde zwischen den Naturwissenschaften nicht differenziert, weil für sie Nebenkomponente nur 60 Minuten Testzeit zur Verfügung standen. Der Test umfasst insgesamt 13 Aufgaben, die wiederum 35 Teilaufgaben (Items) enthalten. Von diesen 13 Aufgaben stehen der Öffentlichkeit nur 2 zur Verfügung. Eine Aufgabe hat biologische Inhalte, die zweite Aufgabe hat physikalische und chemische Inhalte. So heißt es auf der Internetseite des Max- Planck Instituts: *Die kompletten Testhefte dürfen aus Gründen der Testsicherheit nicht veröffentlicht werden. Um Veränderungen in den erfassten Indikatoren untersuchen zu können, werden viele Aufgaben bei zukünftigen Wellen der Studie wiederholt eingesetzt und können daher von der OECD nicht zur Veröffentlichung freigegeben werden.*[9]

In der PISA-E Studie wurden vier Aufgaben im Bereich Biologie mit 16 Items erarbeitet. Von diesen Aufgaben liegt nur eine der Öffentlichkeit aus o. g. Gründen vor. Aufgrund dieser Tatsache ist es kaum möglich eine genaue Analyse durchzuführen, die angibt, ob sich die geforderten Inhalte aus den Aufgaben mit den Inhalten aus den Lehrplänen decken. Wenn dies der Fall ist, ist die Ursache des Abschneidens der einzelnen Bundesländer und speziell des schlechten Abschneidens von Bremen nicht in den Lehrplänen zu suchen. Ist dies der Fall, so müssen die Ursachen in den Lehrplänen zumindest zu einem nicht zu unterschätzendem Teil liegen.

Im Bereich Biologie wurden den Schülern zur Erstellung der PISA- E- Studie vier Aufgaben mit jeweils vier Items gestellt. Von diesen vier Aufgaben steht der Öffentlichkeit eine Aufgabe zur Verfügung. Die folgende Tabelle gibt an, zu wie viel % der Stoff aus den Aufgaben der nationalen und internationalen Studie in den Lehrplänen berücksichtigt ist:

	Nationale PISA- Aufgaben Stoff bis 9.Klasse behandelt	Internationale PISA- Aufgaben Stoff bis zur 9. Klasse behandelt
Gymnasium	68 %	50 %

Tabelle 10: Deckung zwischen Lehrplan und PISA- Aufgaben [1]

Aus Tabelle 10 kann man erkennen, dass längst nicht der gesamte Stoff, der in den PISA- Aufgaben verlangt wird in den Lehrplänen berücksichtigt ist. Im nationalen Test sind es etwa 2/3 des Stoffes. Da es in den einzelnen Bundesländern erhebliche Unterschiede in den Inhalten der Lehrpläne gibt, kann die Abweichung in bestimmten Bundesländern wie Bremen erheblich sein.

Im folgenden Abschnitt sollen die beiden zur Verfügung stehenden Aufgaben, die des internationalen Tests und des nationalen Tests die Bezug zur Biologie haben dargestellt und analysiert werden. Daraus sollen Schlüsse abgeleitet werden, die auf die anderen Aufgaben übertragen werden können.

6.1.1 Die Aufgabe für den Bereich der Biologie in der PISA- Studie (international)[8]

Die Folgende Aufgabe ist die Testaufgabe aus dem internationalen Test. Die Ergebnisse dieser Testaufgabe können z. T. auf die Abbildung 1 angewendet werden. Die Anwendung auf die Tabelle 1 ist nicht zulässig.

SEMMELWEIS' TAGEBUCH TEXT 1

„Juli 1846. Nächste Woche trete ich meine Stelle als ‚Herr Doktor' auf der ersten Station der Entbindungsklinik im Allgemeinen Krankenhaus von Wien an. Ich war entsetzt, als ich vom Prozentsatz der Patienten hörte, die in dieser Klinik sterben. In diesem Monat starben dort sage und schreibe 36 von 208 Müttern, alle an Kindbettfieber. Ein Kind zur Welt zu bringen ist genauso gefährlich wie eine Lungenentzündung ersten Grades."

Diese Zeilen aus dem Tagebuch von Ignaz Semmelweis (1818-1865) illustrieren die verheerenden Auswirkungen des Kindbettfiebers, einer ansteckenden Krankheit, an der viele Frauen nach der Geburt eines Kindes starben. Semmelweis sammelte Daten über die Anzahl der Todesfälle auf Grund von Kindbettfieber in der ersten und zweiten Station des Krankenhauses(siehe Diagramm).

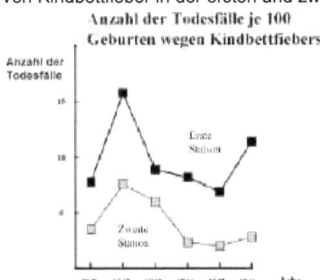

Diagramm

Die Ärzte, darunter auch Semmelweis, tappten in Bezug auf die Ursache des Kindbettfiebers völlig im Dunkeln. Semmelweis schrieb in sein Tagebuch:

„Dezember 1846. Warum sterben so viele Frauen nach einer völlig problemlosen Geburt an diesem Fieber? Seit Jahrhunderten lehrt uns die Wissenschaft, es handle sich um eine unsichtbare Epidemie, die Mütter tötet. Als mögliche Ursachen gelten Veränderungen in der Luft, irgendwelche außerirdischen Einflüsse oder eine Bewegung der Erde selbst, ein Erdbeben."

Heutzutage würde kaum jemand außerirdische Einflüsse oder ein Erdbeben als mögliche Ursachen für Fieber in Erwägung ziehen. Zu Lebzeiten von Semmelweis taten dies allerdings viele, auch

Wissenschaftler! Wir wissen heute, dass es etwas mit hygienischen Bedingungen zu tun hat. Semmelweis wusste jedoch, dass außerirdische Einflüsse oder ein Erdbeben als Ursachen für Fieber eher unwahrscheinlich waren. Er machte auf die Daten, die er gesammelt hatte, aufmerksam (siehe Diagramm) und versuchte damit seine Kollegen zu überzeugen.

Frage 61 SEMMELWEIS' TAGEBUCH

Nimm an, du wärst Semmelweis. Nenne einen Grund dafür (ausgehend von den Daten, die Semmelweis gesammelt hat), dass Erdbeben als Ursache für Kindbettfieber unwahrscheinlich sind.

SEMMELWEIS' TAGEBUCH TEXT 2

Zur Forschung in den Krankenhäusern gehörte das Sezieren. Der Körper einer verstorbenen Person wurde aufgeschnitten, um eine Todesursache zu finden. Semmelweis schrieb, dass auf der Ersten Station tätige Studenten üblicherweise am Sezieren von Frauen teilnahmen, die am Vortag gestorben waren. Direkt anschließend untersuchten sie Frauen, die gerade ein Kind geboren hatten. Sie achteten nicht besonders darauf, sich nach dem Sezieren zu waschen. Manche waren sogar stolz darauf, dass man roch, dass sie vorher in der Leichenhalle gearbeitet hatten, weil man daran ihren Fleiß erkennen konnte! Ein Freund von Semmelweis starb, nachdem er sich beim Sezieren geschnitten hatte. Beim Sezieren seines Leichnams zeigte sich, dass er dieselben Symptome aufwies wie Mütter, die an Kindbettfieber gestorben waren. Dadurch bekam Semmelweis eine neue Idee.

Frage 62: SEMMELWEIS' TAGEBUCH

Semmelweis' neue Idee hängt mit dem hohen Prozentsatz verstorbener Frauen auf den Entbindungsstationen und dem Verhalten der Studenten zusammen. Was war seine Idee?
A Wenn man die Studenten veranlasst, sich nach dem Sezieren zu waschen, sollten weniger Fälle
   von Kindbettfieber auftreten.
B Die Studenten sollten nicht beim Sezieren mitwirken, weil sie sich schneiden könnten.
C Die Studenten riechen übel, weil sie sich nach dem Sezieren nicht waschen.
D Die Studenten wollen ihren Fleiß unter Beweis stellen und sind deshalb beim
   Untersuchen der Frauen unachtsam.

Frage 63: SEMMELWEIS' TAGEBUCH

Semmelweis' Versuche, die Anzahl der Todesfälle auf Grund von Kindbettfieber zu senken, zeigten Erfolg. Aber selbst heute bleibt Kindbettfieber eine Krankheit, die sich schwer bekämpfen lässt. Schwer zu heilende Arten von Fieber sind in den Krankenhäusern immer noch ein Problem. Zahlreiche Routinemaßnahmen dienen dazu, das Problem unter Kontrolle zu halten. Zu diesen Maßnahmen zählt das Waschen der Bettwäsche bei hoher Temperatur.
Erkläre, warum eine hohe Temperatur (beim Waschen der Bettwäsche) dazu beiträgt, das Risiko, dass Patienten Fieber bekommen, zu senken.

Frage 64: SEMMELWEIS' TAGEBUCH

Viele Krankheiten können durch den Einsatz von Antibiotika geheilt werden. In den letzten Jahren hat jedoch die Wirksamkeit einiger Antibiotika gegen Kindbettfieber nachgelassen.
Worauf ist das zurückzuführen?
A Nach ihrer Herstellung verlieren Antibiotika allmählich ihre Wirksamkeit.
B Bakterien werden gegen Antibiotika widerstandsfähig.
C Diese Antibiotika sind nur gegen Kindbettfieber, nicht jedoch gegen andere Krankheiten wirksam.
D Der Bedarf an diesen Antibiotika hat nachgelassen, weil sich die Bedingungen im
   Gesundheitswesen in den letzten Jahren beträchtlich verbessert haben.

6.1.2 Analyse der Aufgabe in Hinsicht auf die Inhalte

Um diese Aufgabe vollständig lösen zu können, brauchen die Schüler Kenntnisse in Hygiene und Mikrobiologie.

Die 61 Aufgabe:
Die Frage soll die Schüler anleiten aufgrund eines Diagramms Schlüsse zu ziehen und Gründe für das Kindbettfieber auszuschließen. Es soll erkannt werden, dass es hier um einen Humanbiologischen Aspekt geht.
In dieser Frage ist Fachwissen nicht nötig. Die Frage kann durch logische Schlussfolgerungen gelöst werden.

Die 62 Aufgabe:
Bei dieser Frage sollen die Schüler erkennen, dass es einen Zusammenhang zwischen sezieren von an Kindbettfieber verstorbener Frauen und untersuchen gesunder Frauen gibt.
Für diese Frage ist Fachwissen nicht nötig, aber hilfreich. Wenn man weiß, dass Krankheitserreger übertragen werden können und dass Krankheitserreger durch Händewaschen beseitigt werden können ist die Beantwortung der Frage einfach, wenn Schüler diese Kenntnis nicht haben, kann die Frage durch Logik gelöst werden. Kenntnisse in Hygiene sind hier hilfreich.

Die Aufgabe 63:
In dieser Aufgabe sind eindeutig Kenntnisse in Mikrobiologie nötig. Sie kann nur beantwortet werden, wenn Schüler wissen, was sterilisieren ist. Hohe Temperaturen töten Mikroorganismen ab.

Die Frage 64:
Zur Beantwortung der Frage ist es nötig, dass die Schüler spezielles Fachwissen, über die Existenz von Bakterien und die Wirkung von Antibiotika haben. Dieses Fachwissen muss soweit gehen, dass bereits genetische Aspekte gelehrt wurden. Erst wenn der Schüler weiß, dass Bakterien mutieren können, kann die Frage eindeutig gelöst werden.

6.1.3 Bezug der Fragen zu den Lehrplänen

Das Untersuchen der Lehrpläne nach Inhalten, die für die vollständige Beantwortung der PISA- Frage benötigt werden liefern folgende Ergebnisse:
In Bremen wird in Klasse 9 unter dem Thema „Heterotrophe Organismen- Verbraucher energiereicher Stoffe" Bezug zur Mikrobiologie genommen. Es werden ca. 2 bis 3 Schulstunden für die Behandlung der Malaria in Anspruch genommen. Beachtet werden muss, dass der Erreger kein Bakterium ist, sondern ein Plasmodium (Einzeller). Bakterien kommen lediglich als Darstellung der Knöllchenbakterien an Pflanzen als Symbionten vor, was keinen Bezug zu den Fragen ergibt. Hygiene als Thema wird in den bremer Lehrplänen nicht verlangt.
Die Schüler an den bremer Schulen sind auf die Frage „Semmelweis` Tagebuch" durch die Lehrpläne nicht vorbereitet. Das Wissen, das nötig wäre, um diese Frage zu beantworten wird in Bremen in der Sekundarstufe I nicht unterrichtet.
In Bayern wird zweimal Bezug zu den geforderten Themen Mikrobiologie und Hygiene genommen. In Klasse 8 wird im Thema „Ernährungsspezialisten (Pilze)" Bezug auf Antibiotika genommen, sowie auf Mykosen, verursacht durch den Mikroorganismus Schimmelpilz. In Klasse 9 wird zum Thema „Organisationsstufen und Leistungen von

Lebewesen" der Themenkomplex Bakterien und Viren ausführlich auch unter dem Aspekt Krankheitserreger behandelt.
Die bayrischen Schüler sind damit durch die Inhalte in den Lehrplänen bestens auf die Beantwortung der Fragen vorbereitet.
In Schleswig- Holstein wird in dem Lehrplan zweimal in Klasse 8 Bezug zu Mikroorganismen und Hygiene genommen. Im Themenbereich „Sexualität beim MenschenII" wird das Thema AIDS erörtert, bei dem über Viren die Bedeutung von Mikroorganismen als Krankheitserreger erörtert wird. Im Themenbereich „Parasiten des Menschen" wird zwar hauptsächlich über Würmer und Einzeller ähnlich der Inhalte in Bremen unterrichtet, es soll aber Bezug zu Bakterien als Krankheitserreger genommen werden.
Die Schüler in Schleswig- Holstein sind nicht optimal auf die Beantwortung der Fragen aus der PISA- Studie vorbereitet. Das Wissen ist lediglich durch die AIDS- Problematik im Gegensatz zu Bremer Lehrplänen erweitert.
In Thüringen wird zum Thema Mikrobiologie/ Hygiene zweimal Bezug genommen. Unter dem Themenbereich wirbellose Tiere in ihren Lebensräumen wird in Klass 5/6 Bezug zur parasitischen Lebensweise genommen in diesem Bereich ist Hygiene speziell ausgewiesen. Bereits in Klasse 7 wird unter dem Themenbereich „Bakterien, Pilze, Flechten" das Thema Bakterien auch unter dem Aspekt Krankheitserreger behandelt.
Die Thüringer Schüler sind damit optimal aufgrund der Inhalte des Lehrplans auf die korrekte Beantwortung der PISA- Frage vorbereitet.

6.1.4 Zusammenfassung

Die Schüler der bremer Schulen konnten die Frage nicht in dem Maße beantworten wie die Schüler der bayrischen und thüringischen Schulen. Der Lehrplan in Bremen klammert den Bereich Mikroorganismen weitgehend aus. Es wird lediglich im Zusammenhang mit dem Malariaerreger Bezug auf Mikroorganismen genommen. Antibiotika kommen in Bremer Lehrplänen nicht zur Sprache. Es gibt damit einen direkten Zusammenhang zwischen dem abschneiden in der PISA- Studie im Bereich naturwissenschaftliche Grundbildung und den Lehrplänen in Bezug zur Abbildung 1, wenn diese Frage isoliert betrachtet wird. Der Bezug zur Tabelle 1 kann nicht hergestellt werden, weil zusätzliche Aufgaben erstellt wurden.
In Bayern und Thüringen sind die Schüler aufgrund der Lehrplaninhalte sehr viel besser auf diese Frage vorbereitet, weil das geforderte Wissen prinzipiell durch die Lehrpläne bereits erarbeitet wurde. Bremer Schüler und z. T. auch schleswig- holsteinische Schüler müssen zur Beantwortung der Frage problemlösend denken, bayrische und thüringische Schüler müssen lediglich transferieren.

6.2.1 Die Aufgabe für den Bereich der Biologie in der PISA- Studie (national) [1]

Text 1
In den Sommerferien hilft Nina ihrem Vater oft in der Gärtnerei. In dieser Zeit ist dort viel zu tun. Wenn es im Juli und August sehr heiß ist, müssen die Pflanzen täglich gegossen werden. Mit einem Gartenschlauch gießt Nina dann viele Liter Wasser auf jedes Beet. Die Pflanzen nehmen das Wasser aus dem Boden über die Wurzeln auf. Beim gießen hat sich Nina schon oft gefragt, was die Pflanzen mit dem ganzen Wasser tun. Ihr Vater erklärte ihr dazu einmal, dass Pflanzen nicht nur Wasser aufnehmen, sondern auch große Wassermengen wieder abgeben. So gibt eine Maispflanze unter günstigen Bedingungen während des Wachstums so viel Wasser ab, wie in ein großes Fass hinein geht

Können Pflanzen schwitzen ? 1
Weißt du, welche Teile der Pflanze hauptsächlich an der Wasserabgabe beteiligt sind? Kreuze die richtige Antwort an!
a) die Blüten   b) die Laubblätter   c) die Wurzeln   d) die Sprossachse   e) die Früchte

Text 2
Um die Wasseraufnahme und – abgabe einer Pflanze zu verstehen, zeigte Ninas Vater ihr die folgende Graphik. Sie stellt die Wasserabgabe einer Pflanze dar, wenn sie regelmäßig gegossen wird. Nina hat versucht, sich die Graphik selbst zu erklären.

Können Pflanzen schwitzen? 2a
Zu welcher Tageszeit ist der Unterschied zwischen Wasseraufnahme und Wasserabgabe am größten? Kreuze die richtige Antwort an!
a) um 10 Uhr vormittags   b) um 12 Uhr mittags   c) um 14 Uhr mittags   d) um 0 Uhr   e) um 20 Uhr abends

Können Pflanzen schwitzen? 2b
Zu welcher Tageszeit nimmt die Pflanze genauso viel Wasser auf, wie sie auch abgibt? Kreuze die richtige Antwort an!
a) vormittags (8-10) b) um Mittags (12- 14) c) am Nachmittag (16- 18) d) abends (20- 22) e) am frühen Morgen

Können Pflanzen schwitzen? 3
An Tagen, an denen eine Pflanze nicht ausreichend gegossne wird, gibt sie um die Mittagszeit genauso viel Wasser ab wie in den frühen Morgenstunden bzw. in der Nacht. Wie ist die geringe Wasserabgabe der Pflanzen bei schlechter Wasserversorgung zu erklären? Kreuze die richtige Antwort an!
Wenn Pflanzen nicht ausreichend mit Wasser versorgt sind,
- haben sie meist schon am frühen Vormittag ihre Wasserreserven über die Spaltöffnungen an die Umgebung abgegeben
- geben sie mittags über die weit geöffneten Spaltöffnungen kaum noch Wasser ab, weil diese dann der Wasseraufnahme aus der Luft dienen.
- Schließen sie ihre Spaltöffnungen fast vollständig, um die Wasserabgabe an die Umwelt zu reduzieren
- Besitzen sie nicht mehr genügend Energie, um Wasser über die Spaltöffnungen an die Umgebung abgeben zu können.

Können Pflanzen schwitzen? 4
In einem Buch über Wüstenpflanzen las Nina vor kurzem, dass es in sehr trockenen Gebieten Pflanzen gibt, die sich durch besondere Baumerkmale vor zu hoher Wasserabgabe schützen. Weißt du welche der folgenden Baumerkmale dem Schutz vor zu hohem Wasserverlust dienen? Kreuze alle richtigen Antworten an!
a) sehr kleine Wurzeln   b) ein dünner langer Spross   c) eine dicke, behaarte Blattoberfläche   d) kleine Blätter
e) einige wenige große Blüten   f) viele Früchte

6.1.2 Analyse der Aufgabe in Hinsicht auf die Inhalte

Um den Aufgabenkomplex „Können Pflanzen schwitzen" vollständig beantworten zu können brauchen die Schüler Kenntnisse in Pflanzenphysiologie, Pflanzenökologie und Pflanzenanatomie.

Frage 1
Um diese Frage beantworten zu können brauchen die Schüler Kenntnisse vom Aufbau der Pflanze und der Physiologie in Hinsicht Transpiration. So kommen die Schüler auf die Antwort, dass besonders die Laubblätter mit ihren Spaltöffnungen und die Blüten an der Wasserabgabe beteiligt sind.
Frage 2a/ 2b
Fachliche Kenntnisse brauchen die Schüler an dieser Stelle nicht. Sie brauchen die Fertigkeit Diagramme zu deuten.
Frage 3
An dieser Stelle ist es notwendig, dass die Schüler das Thema Regelung der Transpiration und Spaltöffnungen im Unterricht behandelt haben. Antwort drei ist dann für sie nahe liegend.
Frage 4
Hier müssen die Schüler einen Transfair leisten von Pflanzenökologie, Angepasstheit an ihren Lebensraum und der Pflanzenphysiologie (Transpiration und Regelung)

6.2.3 Bezug der Fragen zu den Lehrplänen

Bayerische Schüler sind optimal auf die Beantwortung der Frage durch die Lehrpläne vorbereitet. Bereits in Klasse 5 lernen sie den Bau der Pflanze kennen und erlernen dass zum Leben der Pflanze Wasser und Mineralstoffe nötig sind. In Klasse 6 erlernen sie Pflanzen, die an unterschiedliche Standorte angepasst sind, spezielle Angepasstheit an trockene und feuchte Lebensräume und die Abwandlung der Organe für solche Pflanzen. In Klasse 7 wird die Transpiration der Pflanzen thematisiert. Spaltöffnungen sind nicht speziell in dem Lehrplan ausgewiesen. Aufgrund dieser Inhalte decken sich die Lehrpläne mit der Aufgabe fast 1:1.
In Thüringen wird in Klass 5/6 Bezug auf den anatomischen Bau der Pflanzen genommen. Zu diesem Zeitpunkt soll bereits die Wasseraufnahme und der Transport kennen gelernt werden. In Klasse 9 wird der Wasserhaushalt konkretisiert. Laubblätter werden unter dem Mikroskop betrachtet und der Bau mit dem Wasserhaushalt in Verbindung gebracht. Es sollen folgende Inhalte vermittelt werden: Laubblattepidermis, Osmose, Diffusion, Kapillarität, Druck und Transpiration erörtert werden. Der Thüringer Lehrplan bereitet die Schüler mindestens genauso gut auf die Beantwortung der Frage vor wie der bayrische Lehrplan.
In Schleswig- Holstein wird ebenfalls bereits in der Klasse 5 der Bau der Pflanzen thematisiert. Außerdem sind einfache Versuche zur Wasseraufnahme zum Wassertransport und zur Wasserabgabe gefordert. In Klasse 6 sollen die Schüler dann erlernen, dass Pflanzen an trockene und feuchte Standorte angepasst sind. In Klasse 8 wird ein Blattquerschnitt angefertigt, der mikroskopisch betrachtet werden soll. An dieser Stelle wird die Aufgabe der Spaltöffnungen erläutert. Der Lehrplan Schleswig- Holsteins bereitet seine Schüler relativ gut auf die Beantwortung der Frage vor, weist aber hinsichtlich der Lehrpläne Bayerns und Thüringens einige Mängel auf.
Bremen wird ebenfalls, wie in den anderen vier Bundesländern der anatomische Bau der Pflanze bereits in Klasse 5/6 erläutert. In Klasse 9 wird in Bremen intensiv die Pflanzenphysiologie vertieft. Es wird die Wasseraufnahme, der Transport und die Transpiration experimentell erläutert. Zusätzlich finden die Begriffe Osmose, osmotischer Druck, Transpiration und Guttation Verwendung. Spaltöffnungen werden angesprochen. Mit den Inhalten bereitet Bremen seine Schüler ebenfalls sehr gut auf die Beantwortung der Frage vor.

6.2.4 Zusammenfassung

Bayrische, thüringische und schleswig- holsteinische Schüler sind ebenso wie bremer Schüler sehr gut ausgehend von den Inhalten aus den Lehrplänen auf die Frage „Können Pflanzen schwitzen" vorbereitet. Der Unterschied zwischen Bremen und den anderen drei Ländern ist der, dass die Thematik des Wasserhaushaltes in den anderen Bundesländern bereits in den unteren Klassen z. T. mehrfach angesprochen wurde. In Bremen kommt diese Thematik ausschließlich, wenn man vom anatomischen Bau einer Pflanze absieht, in Klasse 9 vor. Da der bremer Lehrplan dieses Thema relativ konkret abhandelt, ist die Frage, weshalb Bremen dennoch so schlecht bei der PISA- E- Studie abschneidet? Diese Frage ist nur eine von vier möglichen Fragen, die den Schülern gestellt wurden. Wenn ausschließlich diese Frage gestellt worden wäre, wäre es denkbar, dass das Ergebnis besser ausgefallen wäre. Es würde noch eine weitere Erklärung geben, die das schlechte Abschneiden trotz guter Vorgaben in den Lehrplänen erklärt. Da die PISA- E- Studie zwischen Mai und Juni durchgeführt wurde, ist es möglich, dass in Klasse 9 das Thema Pflanzenphysiologie noch nicht angesprochen wurde, weil traditionell die botanischen Themen im Biologieunterricht im Sommer unterrichtet werden. Dies sind sehr wage Vermutungen und die Beantwortung ist ohne den Einblick in die anderen drei Fragen nicht möglich.

7. Ergebnis

Zusammenfassend kann man sagen, dass bremer Schüler sicher nicht dümmer als Schüler aus Bayern, Thüringen und Schleswig- Holstein sind, sondern, dass sie ungünstigere Rahmenbedingungen als ihre Altersgenossen haben. Schon die Bedingungen in den vier Bundesländern sind in Bremen fast ausnahmslos am ungünstigsten. Das Bundesland ist eine Großstadt. Großstadte schneiden schlechter als die Flächen ab.[2] Dann hat Bremen die höchste Arbeitslosigkeit in den alten Bundesländern, sowie den höchsten Anteil 15- jähriger mit Migrationshintergrund. Weiteres Problem des kleinsten Bundeslands sind die enormen Schulden der öffentlichen Haushalte, die so hoch sind wie in keinem anderen Bundesland und Bremen den Spielraum in Bildung zu investieren extrem beschränken. Dabei wäre es nötig Bibliotheken auszustatten, Computer mit Internetanschluss flächendeckend anzubieten und für das Fach Biologie besondere Lehrmittel anzuschaffen, wie Geräte oder Chemikalien. Auch die Schüler/ Lehrer Relation an Gymnasien ist die Schlechteste der vier Bundesländer, wenngleich sie nicht die schlechteste aller Bundesländer ist. Von wesentlicher Bedeutung scheint die Unterrichtsversorgung zu sein. Diese ist in Bremen mit etwa 900 Stunden geringer als die in Bayern oder Thüringen. Auch der Biologieunterricht wird in Bremen mit fast 140 Stunden weniger erteilt als in Thüringen. Das entspricht einem Wissensrückstand von ca. 1,7 Schuljahren. Weiteres Problem ist das Vorhandensein der Orientierungsstufe in Klasse 5/6, was zwangsläufig zu einem Niveauverlust im Gegensatz zu den anderen drei Bundesländern führen muss. Die geringe Erteilung von Biologie macht sich auch in den Lehrplänen bemerkbar. Tabelle 7 spiegelt wieder, dass es Themenbereiche gibt, die in Bremen nicht angesprochen werden, die in anderen Bundesländern wie Thüringen ausführlich bearbeitet werden (z. B. Zellbiologie). Betrachtet man dann noch die konkrete Ausrichtung der Lehrpläne (Tabelle 6) fällt auf, dass in Bremen auch in den Themenbereichen die erteilt werden oft, wegen der curricularen Ausrichtung der Lehrpläne weniger Stoff durchgenommen wird. Erhebliche Unterschiede in der Methodenvielfalt bzw. im Erlernen besonderer Fertigkeiten und Fähigkeiten konnte aus den Lehrplänen nicht entnommen werden. Dies kann damit auch nicht für das unterschiedliche Abschneiden in der Pisa- Studie für Bremen in Zusammenhang gebracht werden.
Problematisch ist an der PISA- Studie, dass die Aufgaben nicht zur Verfügung stehen. Aufgrund dieses Umstands ist es nicht möglich einen direkten Ursache- Wirkungs Zusammenhang zu erstellen. Die Vorgestellten Aufgaben geben aber einen Einblick. Mit der „Semmelweis- Aufgabe" kann man direkt erklären, weshalb bremer Schüler im internationalen Teil der Pisa- Studie schlecht abgeschnitten haben. Das schlechte Abschneiden im nationalen Teil lässt sich nicht direkt mit der „Können Pflanzen schwitzen- Aufgabe" in Zusammenhang gebracht werden. Zur Diskussion wird gestellt, ob die anderen drei Fragen eine direkte Ursache- Wirkungs Beziehung mit dem bremer Lehrplan bilden. In Tabelle 10 ist angedeutet, dass sich nur 2/3 der Inhalte der Aufgaben mit dem durchschnittlichen Lehrplan decken. Wenn man bedenkt, dass bremer Lehrpläne weniger Inhalte vermitteln als der durchschnittliche Lehrplan, also weniger als 2/3 der Inhalte aus den Aufgaben, kann man behaupten, dass bremer Schüler aufgrund der Inhalte in den Lehrplänen erhebliche Nachteile, im Gegensatz zu anderen Ländern, haben.

Das gute Abschneiden des Landes Thüringen wird mit einer hohen nominellen Unterrichtsversorgung im Allgemeinen und speziell im Fach Biologie erklärt. Aufgrund der zwölfjährigen Schulzeit ist der Lehrplan relativ ausführlich und vermittelt sehr viel Inhalte. Außerdem hat Thüringen, wie alle neue Bundesländer, einen sehr niedrigen Anteil von Schülern mit Migrationshintergrund, sowie eine sehr günstige Schüler/ Lehrer Relation.

Das Abschneiden Bayerns wird mit dem relativ ausführlichen Lehrplan und der vielen nominell erteilten Biologiestunden erklärt. Bayern hat dazu noch beste finanzielle Möglichkeiten und nur etwa halb soviel Schüler mit Migrationshintergrund in den Schulen wie Bremen.
Der bayrische Lehrplan bringt immer wieder Bezüge zur angewandten Biologie, wodurch die Schüler lernen im Kontext zu denken.

Weshalb Schleswig- Holstein im Ländervergleich bei den Gymnasien im naturwissenschaftlichen Bereich so gut abgeschnitten hat lässt sich nicht so leicht erklären. Grundsätzlich gibt es zwei Möglichkeiten. Zum einen sind die Schüler, zum anderen der Unterricht besonders gut. Ich denke, dass beide Möglichkeiten von Bedeutung sind. Großstädte schneiden in der PISA- Studie schlechter ab als der Landesdurchschnitt. Von diesen gibt es in Schleswig- Holstein nur zwei (Lübeck und Kiel). Schleswig- Holstein hat einen der geringsten Anteile von Gymnasiasten an der Gesamtschülerzahl (~27 %, Bremen ~30 %). Dadurch werden sich leistungsschwächere Schüler vermehrt auf den anderen Schulformen befinden, was das Niveau auf Gymnasien ansteigen lässt. Auch hat Schleswig- Holstein den geringsten Anteil 15- jähriger mit Migrationshintergrund. Diese beiden Faktoren bewirken, dass Schleswig- Holstein auf seinen Gymnasien ein relativ hohes Niveau, hervorgerufen durch leistungsstarke Schüler, unterrichten kann.
Der Unterricht ist geprägt von einer äußerst günstigen Schüler/ Lehrer Relation auf Gymnasien. Die nominelle Unterrichtsversorgung liegt etwa bei der der anderen westdeutschen Flächenländer (Ausnahme Bayern). Auch die Unterrichtsstunden im Fach Biologie liegen hinter denen von Bayern und Thüringen. Der Lehrplan in Schleswig- Holstein gestaltet sich als sehr innovativ. In Schleswig- Holstein ist ein neuer Lehrplan zum Schuljahr 1997/98 in Kraft getreten. Dadurch haben die Neuntklässler von der siebten bis zur 9. Klasse im Vorfeld der Pisa- Studie, also gerade rechtzeitig, diesen neuen Lehrplan unterrichtet bekommen. Er verzichtet zwar in der 7. Klasse auf Biologieunterricht, ist aber sonst sehr fachlich ausgerichtet und reichlich mit Inhalten gefüllt. Innovativ an dem Lehrplan ist, dass in ihm konkret Gruppenarbeit, Projektunterricht und fächerübergreifender Unterricht, sowie so viele Fähigkeiten und Fertigkeiten, die von Schülern erworben werden sollen, wie in keinem anderen der vier untersuchten Bundesländer gefordert wird (. Tabelle 8). Aufgrund dieser Betrachtung kann gesagt werden, dass schleswig- holsteins Gymnasiasten nicht nur besonders leistungsstark sind, sondern dazu auch noch relativ guten Biologieunterricht, gefordert durch die Lehrpläne, erhalten. Dass das IPN (Institut zur Pädagogik der Naturwissenschaften), das führende Institut in Deutschland in diesem Bereich, ausgerechnet in Kiel angesiedelt ist, könnte mit dem guten Abschneidens Schleswig- Holsteins in der naturwissenschaftlichen Grundbildung im Zusammenhang gesehen werden.

Literaturliste:

[1] Deutsches PISA- Konsortium: PISA 2000; Leske + Budrich, Opladen 2001

[2] Max- Plank Institut für Bildungsforschung: PISA 2000- Die Bundesländer der Bundesrepublik Deutschland im Vergleich Leske + Budrich; Opladen 2001

[3] Freie Hansestadt Bremen, Der Senator für Bildung Wissenschaft und Kunst:
  - Lehrplan Orientierungsstufe Naturwissenschaften, 1987
  - Lehrplanentwurf: Biologie Gymnasium 7. Klasse, 1981
  - Lehrplanentwurf: Biologie Gymnasium 9. Klasse, 1982

[4] Bayerisches Staatsministerium für Unterricht und Kultus: Lehrplan für das bayerische Gymnasium: Biologie, München, 1990

[5] Ministerium für Bildung, Wissenschaft, Forschung und Kultur des Landes Schleswig-Holstein: Lehrplan für die Sekundarstufe I der weiterführenden allgemeinbildenden Schulen Hauptschule, Realschule, Gymnasium: Biologie, 1997

[6] Thüringer Kultusministerium: Lehrplan für das Gymnasium: Biologie; Satz und Druckzentrum Saalfeld, 1999

[7] Skaumal, Ulrike.: Die Biologie- Lehrpläne für die Sekundarstufe I; Aulis Verlag Co Kg, Köln, 1978

[8] http://www.eev.e-technik.uni-erlangen.de/download/pisa/

[9] http://www.mpib-berlin.mpg.de/pisa/faq.htm#Beispielaufgaben